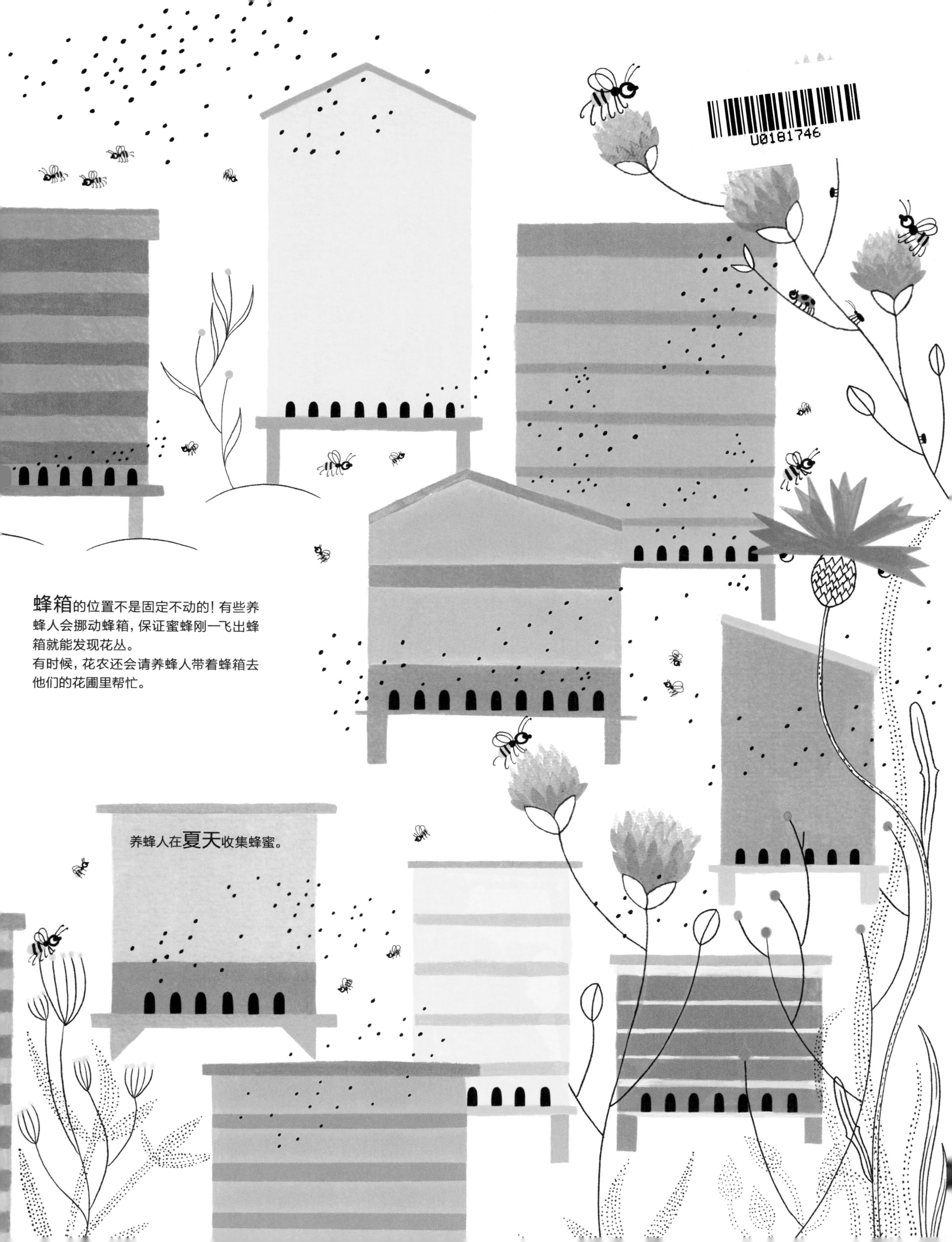
U0181746
蜂箱的位置不是固定不动的！有些养蜂人会挪动蜂箱，保证蜜蜂刚一飞出蜂箱就能发现花丛。
有时候，花农还会请养蜂人带着蜂箱去他们的花圃里帮忙。
养蜂人在夏天收集蜂蜜。

**从远处看，**蜂箱四周好像没什么动静。其实，那里面总是一片繁忙的景象！蜜蜂们一刻不停地工作，每只蜜蜂都有自己的任务。它们的“小社会”有着完美的组织结构！

蜂箱里的大多数蜜蜂都是**工蜂**。工蜂负责清理蜂巢、供应食物、建筑巢房、保卫蜂巢、保持通风，还要负责制造蜂蜜。

这个“蜜蜂社会”由一位女王统治着，它就是**蜂后**。蜂后负责产卵，卵里面会孵化出新的小蜜蜂。一队工蜂会组成“女王护卫队”，它们寸步不离地跟着蜂后，给它清理身体，还会给它喝蜂王浆。
蜂后通常能活4到5年。

负责**采蜜**的工蜂会飞出蜂巢，四处寻找花蜜。它们把花蜜储存在蜂巢框里的小巢房中。

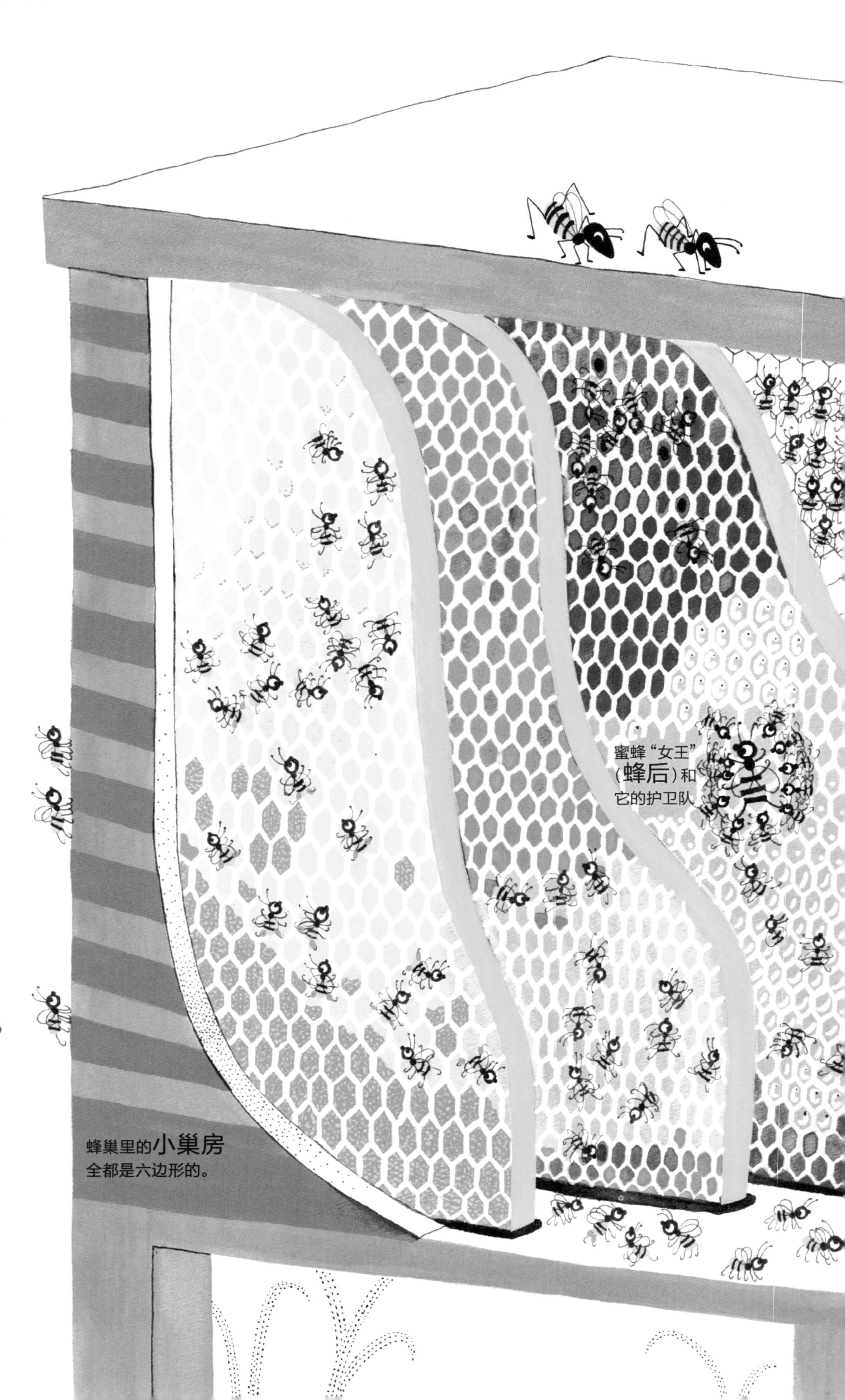

**版权贸易合同登记号 图字：01-2023-1831**

**图书在版编目（CIP）数据**
一千零一只蜜蜂 /（法）乔安娜·雷萨克著、绘；张昕译. --北京：电子工业出版社，2023.7
（小世界科普启蒙图画书）
ISBN 978-7-121-45741-8

Ⅰ. ①一…　Ⅱ. ①乔…　②张…　Ⅲ. ①蜜蜂－少儿读物　Ⅳ. ①Q969.557.7-49

中国国家版本馆CIP数据核字（2023）第103974号

责任编辑：范丽鹏
文字编辑：班　照
印　　刷：天津图文方嘉印刷有限公司
装　　订：天津图文方嘉印刷有限公司
出版发行：电子工业出版社
　　　　　北京市海淀区万寿路173信箱　邮编：100036
开　　本：787×1092　1/8　印张：4　　字数：44.85千字
版　　次：2023年7月第1版
印　　次：2023年7月第1次印刷
定　　价：78.00元

凡所购买电子工业出版社图书有缺损问题，请向购买书店调换。若书店售缺，请与本社发行部联系，联系及邮购电话：（010）88254888，88258888。
质量投诉请发邮件至zlts@phei.com.cn，盗版侵权举报请发邮件至dbqq@phei.com.cn。
本书咨询联系方式：（010）88254161 转1862，fanlp@phei.com.cn。

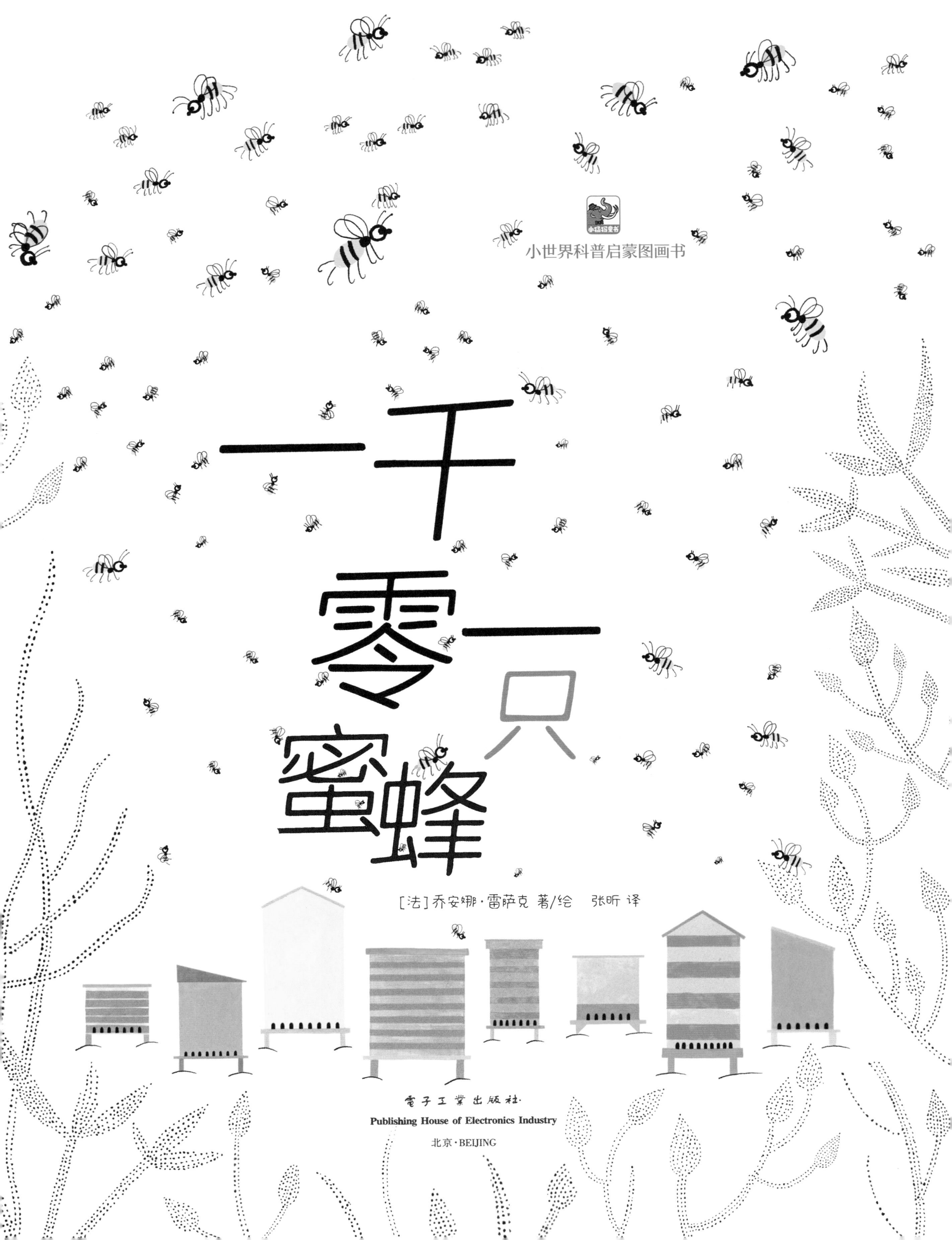
小世界科普启蒙图画书
一千零一只蜜蜂
[法]乔安娜·雷萨克 著/绘 张昕 译
電子工業出版社
Publishing House of Electronics Industry
北京·BEIJING

在拉吕什先生家的花园里，
草坪的正中央摆放着十几个蜂箱。

拉吕什先生是养蜂人。他饲养蜜蜂，
并收集它们产出的蜂蜜。

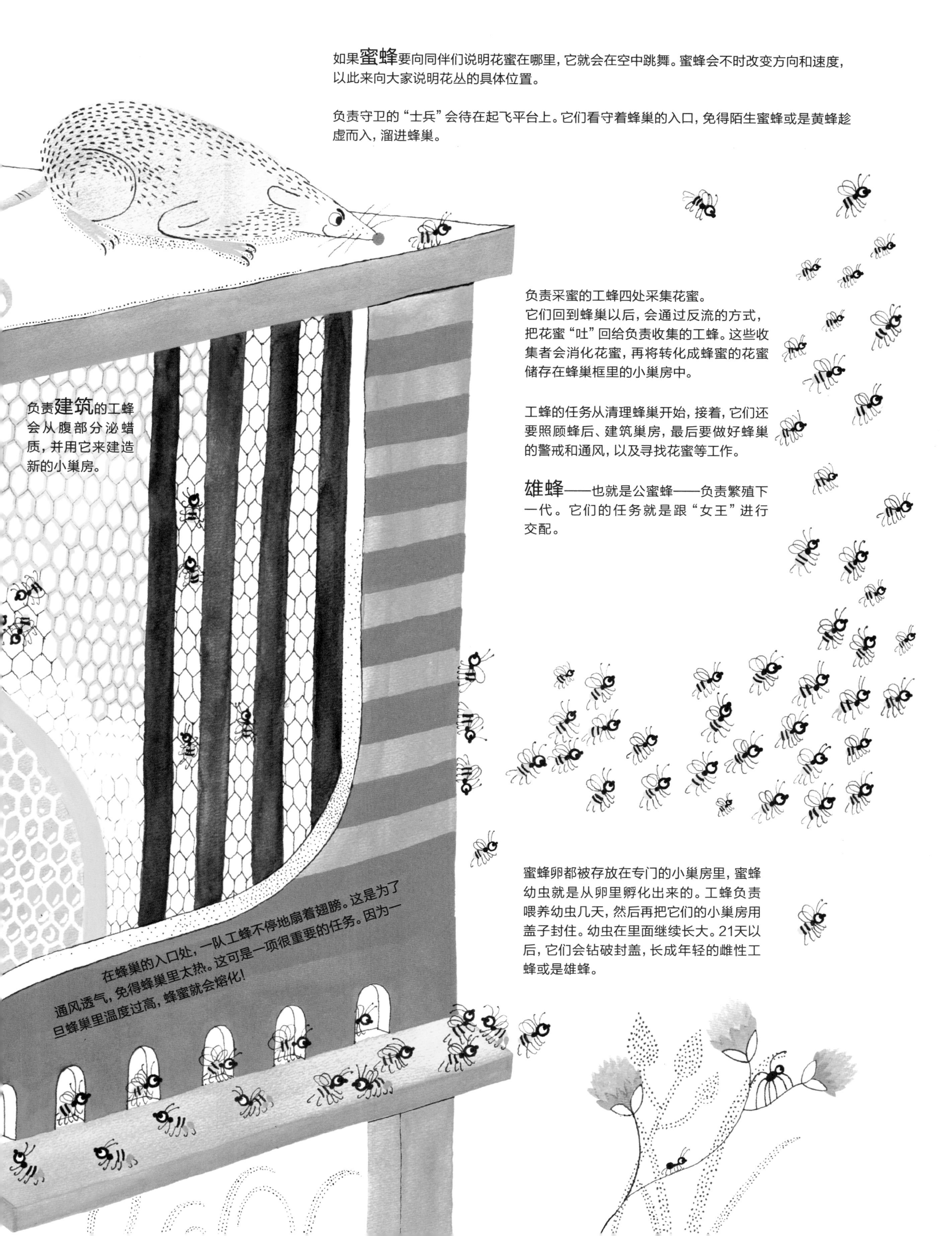

如果**蜜蜂**要向同伴们说明花蜜在哪里，它就会在空中跳舞。蜜蜂会不时改变方向和速度，以此来向大家说明花丛的具体位置。

负责守卫的“士兵”会待在起飞平台上。它们看守着蜂巢的入口，免得陌生蜜蜂或是黄蜂趁虚而入，溜进蜂巢。

负责采蜜的工蜂四处采集花蜜。它们回到蜂巢以后，会通过反流的方式，把花蜜“吐”回给负责收集的工蜂。这些收集者会消化花蜜，再将转化成蜂蜜的花蜜储存在蜂巢框里的小巢房中。

工蜂的任务从清理蜂巢开始，接着，它们还要照顾蜂后、建筑巢房，最后要做好蜂巢的警戒和通风，以及寻找花蜜等工作。

**雄蜂**——也就是公蜜蜂——负责繁殖下一代。它们的任务就是跟“女王”进行交配。

负责**建筑**的工蜂会从腹部分泌蜡质，并用它来建造新的小巢房。

在蜂巢的入口处，一队工蜂不停地扇着翅膀。这是为了通风透气，免得蜂巢里太热。这可是一项很重要的任务。因为一旦蜂巢里温度过高，蜂蜜就会熔化！

蜜蜂卵都被存放在专门的小巢房里，蜜蜂幼虫就是从卵里孵化出来的。工蜂负责喂养幼虫几天，然后再把它们的小巢房用盖子封住。幼虫在里面继续长大。21天以后，它们会钻破封盖，长成年轻的雌性工蜂或是雄蜂。

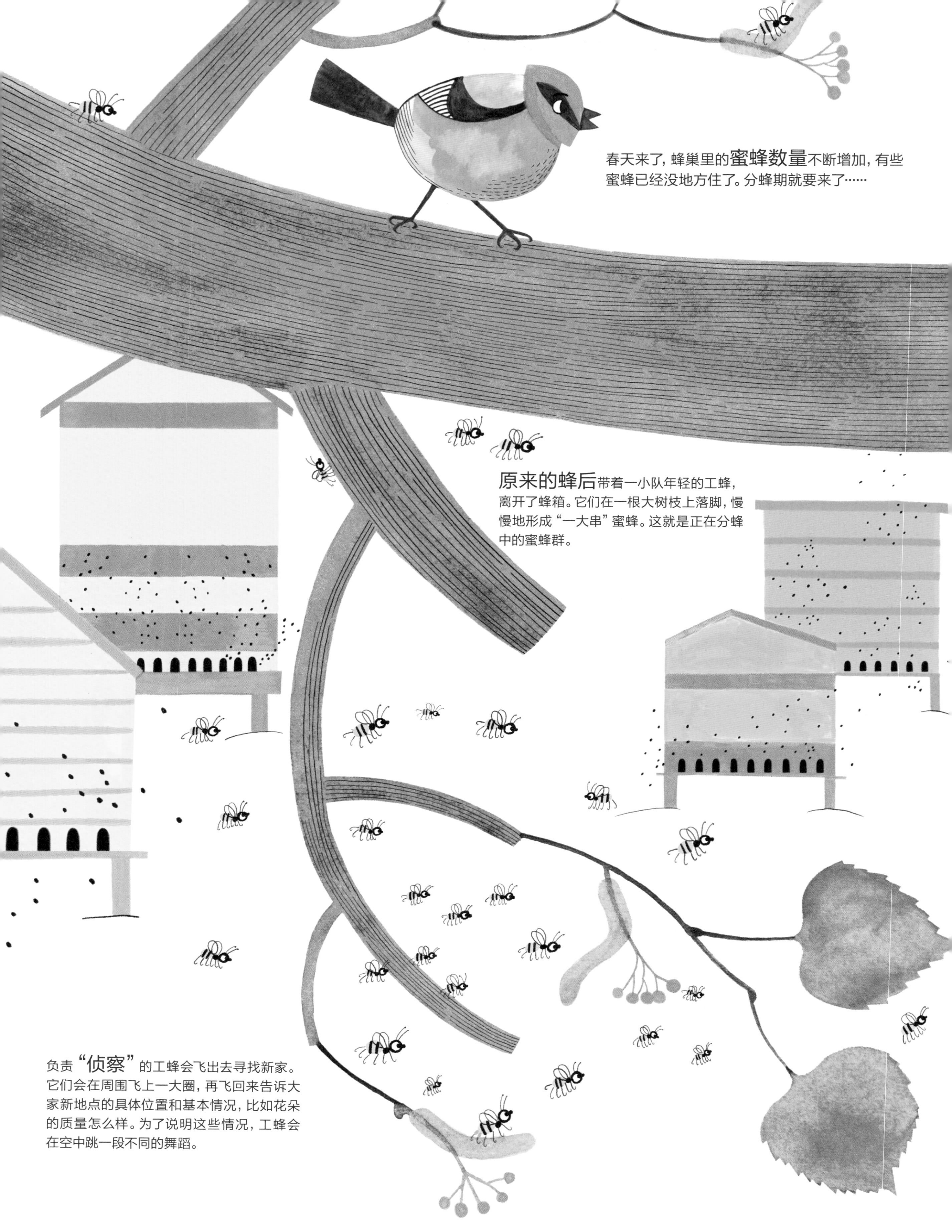

春天来了，蜂巢里的**蜜蜂数量**不断增加，有些蜜蜂已经没地方住了。分蜂期就要来了……

**原来的蜂后**带着一小队年轻的工蜂，离开了蜂箱。它们在一根大树枝上落脚，慢慢地形成“一大串”蜜蜂。这就是正在分蜂中的蜜蜂群。

负责**“侦察”**的工蜂会飞出去寻找新家。它们会在周围飞上一大圈，再飞回来告诉大家新地点的具体位置和基本情况，比如花朵的质量怎么样。为了说明这些情况，工蜂会在空中跳一段不同的舞蹈。

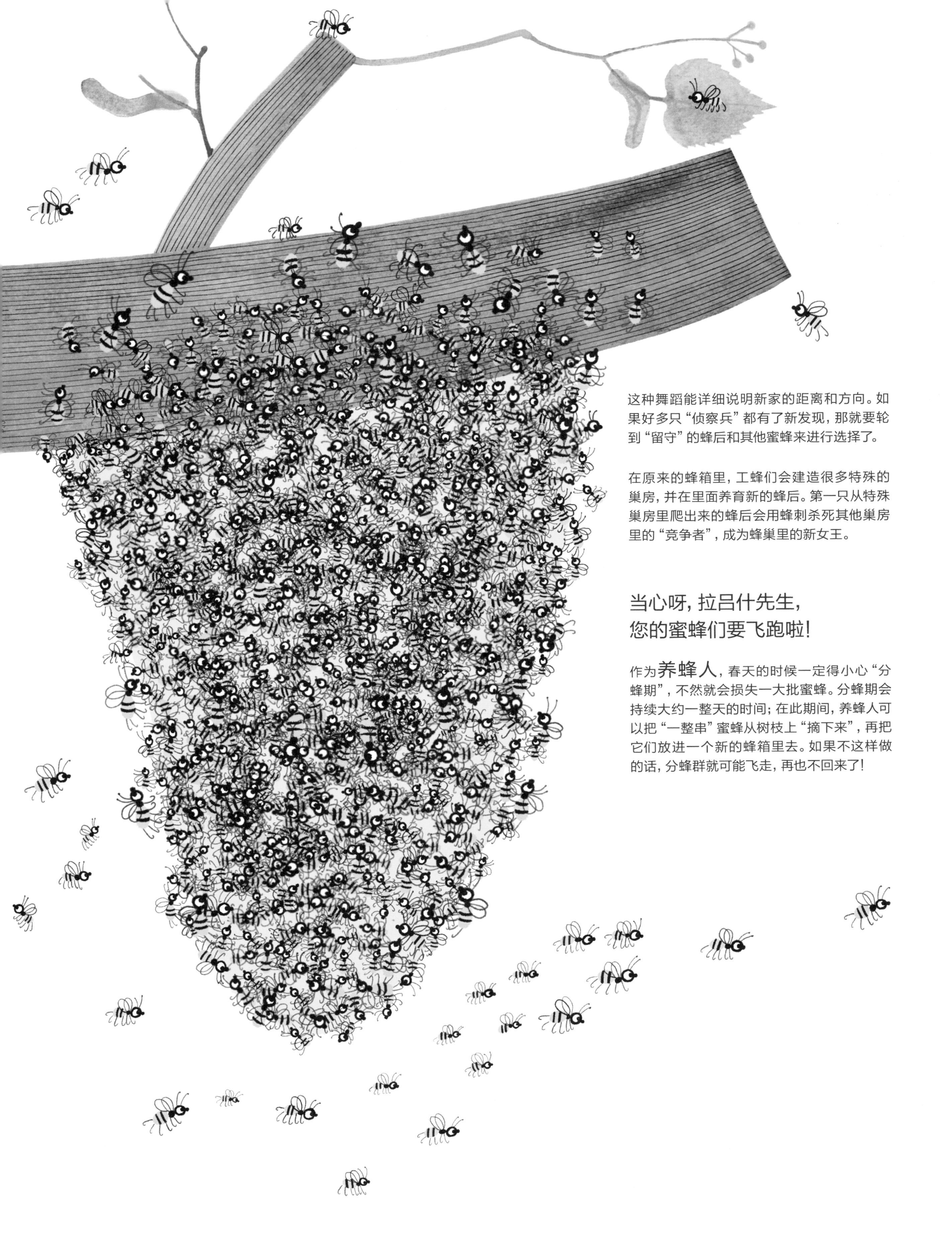

这种舞蹈能详细说明新家的距离和方向。如果好多只“侦察兵”都有了新发现，那就要轮到“留守”的蜂后和其他蜜蜂来进行选择了。

在原来的蜂箱里，工蜂们会建造很多特殊的巢房，并在里面养育新的蜂后。第一只从特殊巢房里爬出来的蜂后会用蜂刺杀死其他巢房里的“竞争者”，成为蜂巢里的新女王。

## 当心呀，拉吕什先生，您的蜜蜂们要飞跑啦！

作为**养蜂人**，春天的时候一定得小心“分蜂期”，不然就会损失一大批蜜蜂。分蜂期会持续大约一整天的时间；在此期间，养蜂人可以把“一整串”蜜蜂从树枝上“摘下来”，再把它们放进一个新的蜂箱里去。如果不这样做的话，分蜂群就可能飞走，再也不回来了！

矢车菊
田野里有许多红色的虞美人。它们的颜色非常鲜艳，跟鸡冠的红色差不多。虞美人的种子装在蒴果中。
蚂蚁时刻注意着蚜虫的动向。它们要从蚜虫那里取得“蜜露”（蚜虫分泌的一种甜甜的“果汁”）。因此，蚂蚁会守卫蚜虫，甚至还会对瓢虫发起攻击！
田鼠，顾名思义，就是“田野里的老鼠”。它们住在草原或牧场里，平时爱吃昆虫、种子、坚果和浆果。它们看起来挺可爱的，却会给庄稼带来极大的危害！
荨麻

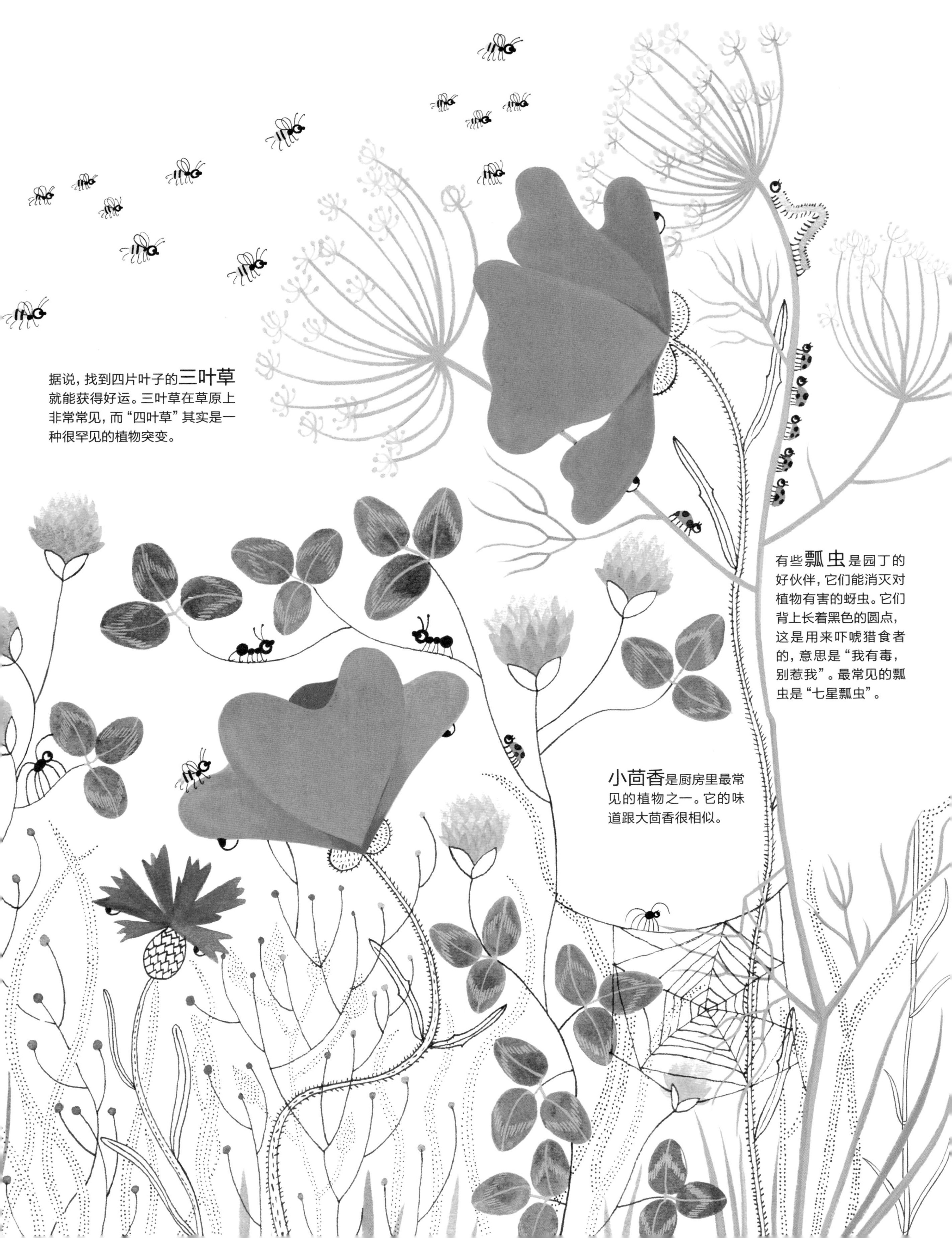

据说，找到四片叶子的**三叶草**就能获得好运。三叶草在草原上非常常见，而“四叶草”其实是一种很罕见的植物突变。

有些**瓢虫**是园丁的好伙伴，它们能消灭对植物有害的蚜虫。它们背上长着黑色的圆点，这是用来吓唬猎食者的，意思是“我有毒，别惹我”。最常见的瓢虫是“七星瓢虫”。

**小茴香**是厨房里最常见的植物之一。它的味道跟大茴香很相似。

黄菖蒲通常长在池塘、沼泽或者沟渠边。法国王室的纹章上画的就是它。
蜻蜓
大家都不喜欢荨麻，因为它会蜇人，但其实荨麻对人体健康有益处。它能减少痤疮，还能强韧发质。

蜜蜂的飞行速度大约为7米/秒。
它每天能飞大约80千米!
这只姿态优雅的苍鹭正在浅水地带溜达着找吃的。它是出色的“渔夫”：小鱼很难逃过它的尖嘴！苍鹭是欧洲最大的鸟之一。
沼泽是一种潮湿的生态系统，它最大的特点就是其中的水并不流动。
沼泽像海绵一样能够吸水，这样又软又湿的地面很难种植任何作物。
沼泽里居住着许多鸟类。

蜜蜂们飞过了一片麦田……
收获的季节就要来了。

芥菜籽是有名的第戎芥末酱的主要原料。

天还没破晓，云雀就已经开始唱歌了。要是你能“听着云雀的歌声起床”，就说明你起得特别早！

小麦、大麦、燕麦和黑麦都属于谷物。

油菜籽可以榨油，这种菜籽油在烹饪中非常常见。

燕麦

从前，收割庄稼要用长柄镰刀；现在，镰刀已经换成了谷物联合收割机。
小麦
大麦这种谷物经常会被用来酿制啤酒。
蝽（俗称臭屁虫）

蓝山雀正在到处找吃的。
它会在树洞里筑巢。
洋甘菊具有清热解毒的功效。
薄荷是一种具有镇静功效的植物。许多牙膏和口香糖都是清新的薄荷味。
草丛里藏着两只蟾蜍。它们跟青蛙是亲戚。蟾蜍长得很丑，跳得也不高，而且还有毒！厚厚的皮能保证它们不会因为脱水而死掉。蟾蜍平时主要吃昆虫。

洋葱花的形状很奇特。
百里香是厨房里常见的芳香植物，可以使食材获得独特的香气。
薰衣草

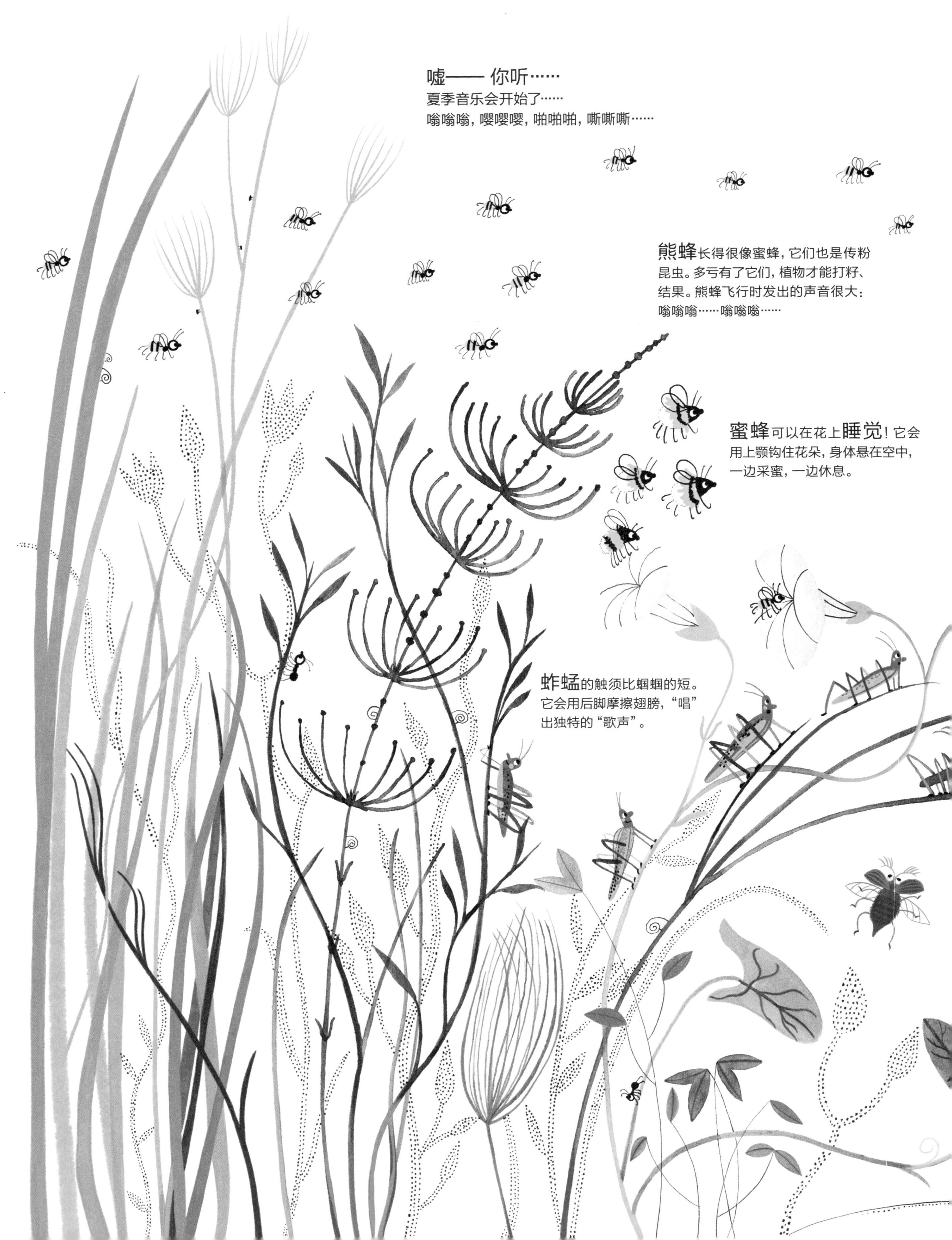
嘘—— 你听……
夏季音乐会开始了……
嗡嗡嗡，嘤嘤嘤，啪啪啪，嘶嘶嘶……
熊蜂长得很像蜜蜂，它们也是传粉昆虫。多亏有了它们，植物才能打籽、结果。熊蜂飞行时发出的声音很大：嗡嗡嗡……嗡嗡嗡……
蜜蜂可以在花上睡觉！它会用上颚钩住花朵，身体悬在空中，一边采蜜，一边休息。
蚱蜢的触须比蝈蝈的短。它会用后脚摩擦翅膀，“唱”出独特的“歌声”。

小茴香
旋花属植物（比如牵牛花）都是蜜源植物，也就是说，它们都能生产出许多花蜜和花粉。蜜蜂特别喜欢拜访这些美丽的花朵。
这是一只大绿蝈蝈。它也会通过摩擦翅膀来“唱歌”，这样发出的声音被称为“摩擦声”。
蝉落在一根草茎上，它也加入了这场音乐会。它的发音器在腹肌部，像蒙上了一层鼓膜的大鼓。
蟋蟀的声音最响亮。我们甚至能在50米开外听到它的“歌声”！

樱树通常在五月开花。

果园里集中种植着许多果树，它们都需要传粉昆虫帮忙才能结果。不只是蜜蜂才会传粉，蝴蝶、熊蜂、黄蜂、苍蝇、蚊子都会传粉，有些热带地区的鸟儿甚至也会传粉！不过，大部分传粉工作还是由蜜蜂完成的。

只有**传粉**成功才能保证开花植物结出果实。传粉昆虫落在花上吸食花蜜；与此同时，一丁点花粉会沾在昆虫的身上，它再把这点花粉带到下一朵花。这样，传粉就成功了，植物也能继续繁殖下去。

蜜蜂有着**收集花粉**的专用“工具”：它们的脚上自带“刷子”和“篮子”。一只蜜蜂每小时能采集大约250朵花的花粉！

蜜蜂能留下带有香味的**信息素**，给它“拜访”过的每朵花都做上标记，免得弄混或者弄错了。

**你瞧！**到了六月，第一批樱桃出现啦。
品尝美味水果的季节由此开始。

当心，紫翅椋鸟！它们飞到果园里来大快朵颐啦！
这种鸟性格不错；不过，果农通常都不怎么喜欢它们。

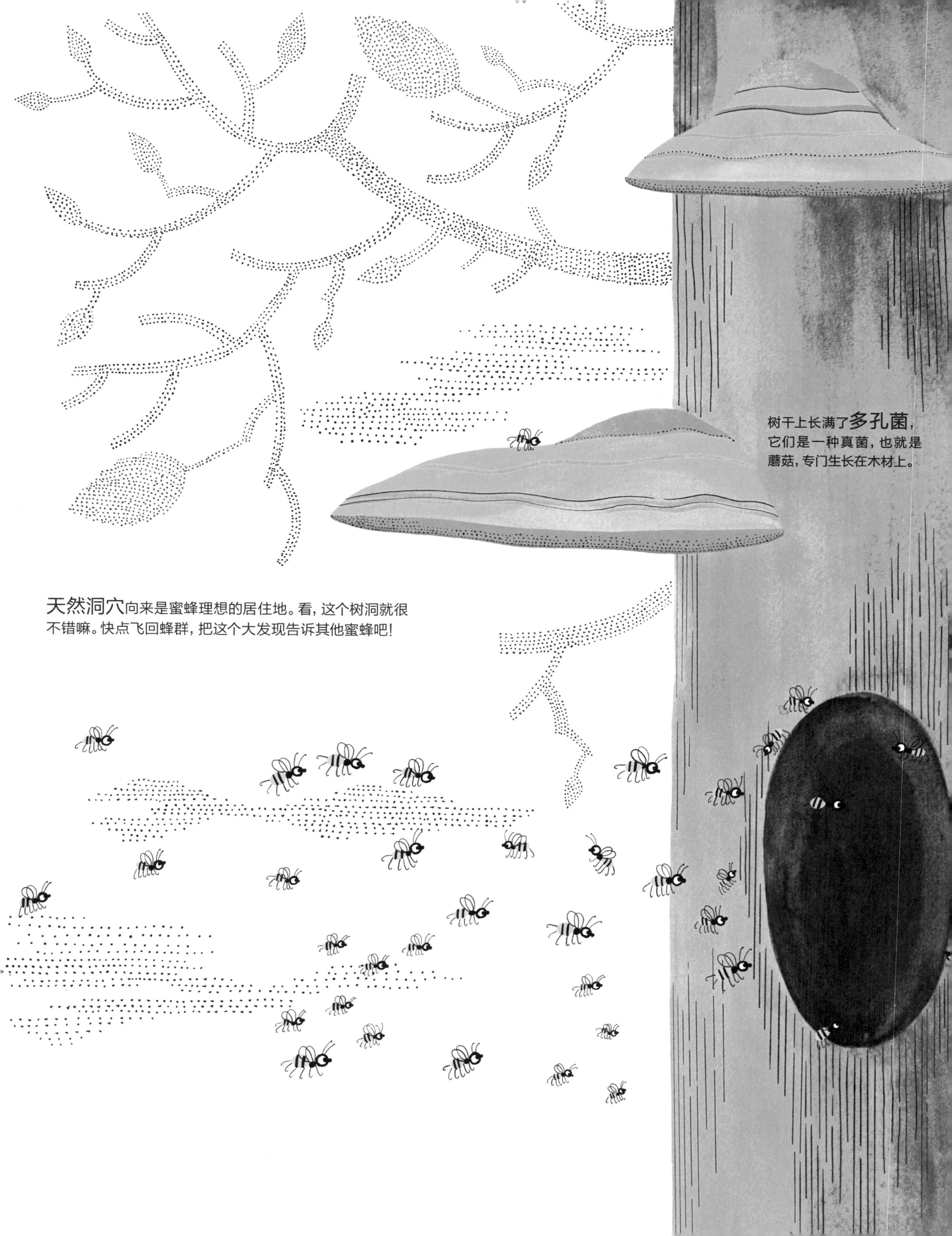

树干上长满了多孔菌，它们是一种真菌，也就是蘑菇，专门生长在木材上。

天然洞穴向来是蜜蜂理想的居住地。看，这个树洞就很不错嘛。快点飞回蜂群，把这个大发现告诉其他蜜蜂吧！

松鼠能爬到树上，钻进自己居住的树洞（一个天然的小窟窿）里去。这种小动物能在树枝上奔跑、跳跃，简直灵活极了。松鼠有一条长长的尾巴，起到了保持身体平衡的作用。

**松鼠**也能帮助植物进行繁殖。松鼠会采集橡子、核桃、榛子，以及其他水果，再把它们埋进土里，留作过冬的口粮。可是，松鼠有时候会忘了自己的“储备粮”到底藏到哪儿去了。这样一来，埋下的种子就可能发芽、长大。这可真是……坏记性万岁！

在我们跟着其他蜜蜂到处闲逛的时候……
拉吕什先生已经成功地把分蜂群“摘”下来了！

那“一大串”蜜蜂都去哪儿了？
拉吕什先生已经把它们放进新的蜂箱里啦！

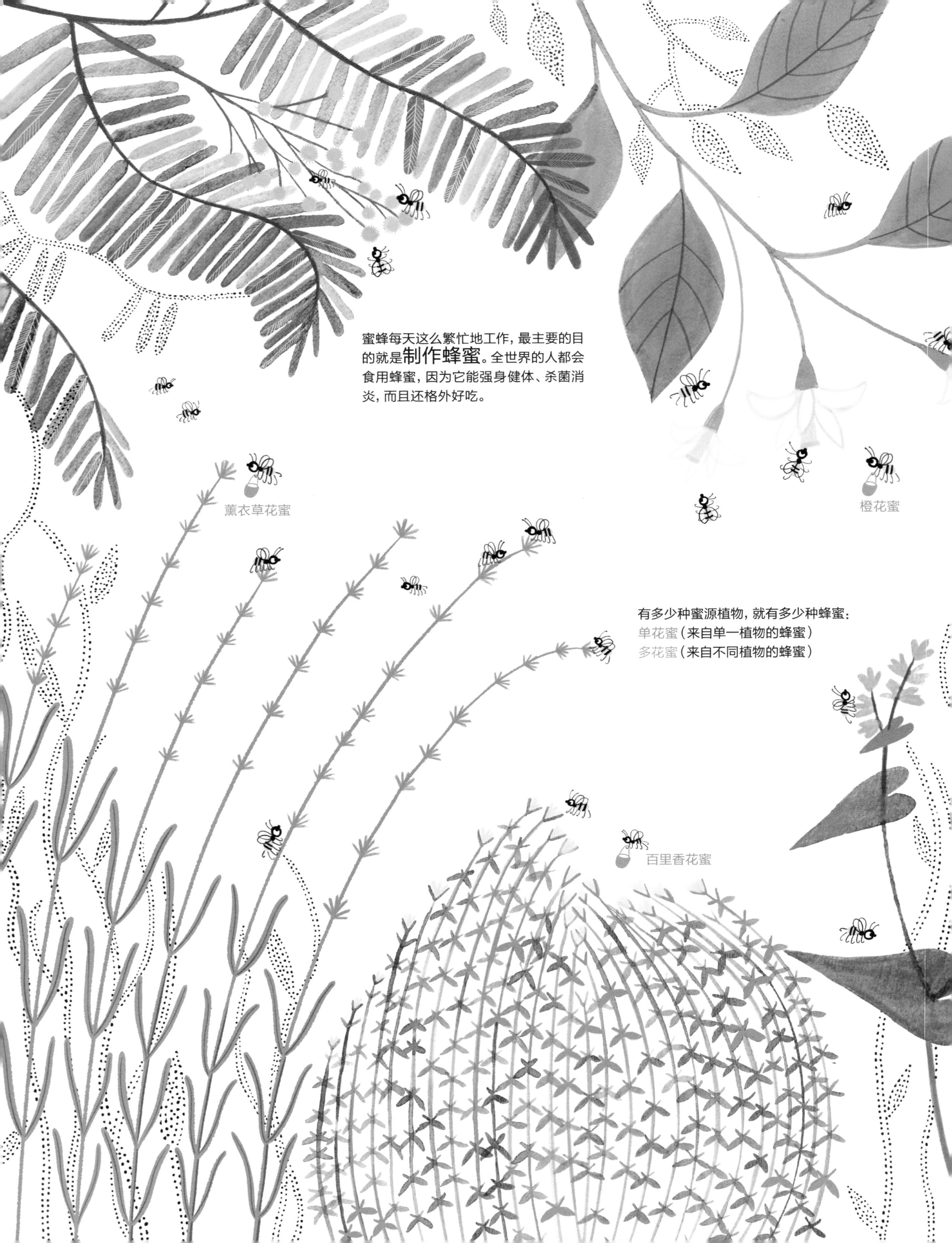


蜜蜂每天这么繁忙地工作，最主要的目的就是**制作蜂蜜**。全世界的人都会食用蜂蜜，因为它能强身健体、杀菌消炎，而且还格外好吃。

有多少种蜜源植物，就有多少种蜂蜜：
单花蜜（来自单一植物的蜂蜜）
多花蜜（来自不同植物的蜂蜜）

除了**制作蜂蜜**，蜜蜂还能加工花粉，把它变成蜂胶。蜂胶有消炎、缓解疲劳的功效。

蜜蜂的腹部能分泌出蜂蜡，它们就是用蜂蜡来制作小巢房的。我们也可以用蜂蜡来做蜡烛。